TRAITÉ

SUR LA

CULTURE DES ŒILLETS.

PARIS. — IMPRIMERIE DE FAIN ET THUNOT,
IMPRIMEURS DE L'UNIVERSITÉ ROYALE DE FRANCE,
Rue Racine, 28, près de l'Odéon.

Gamme chromatique des Couleurs.

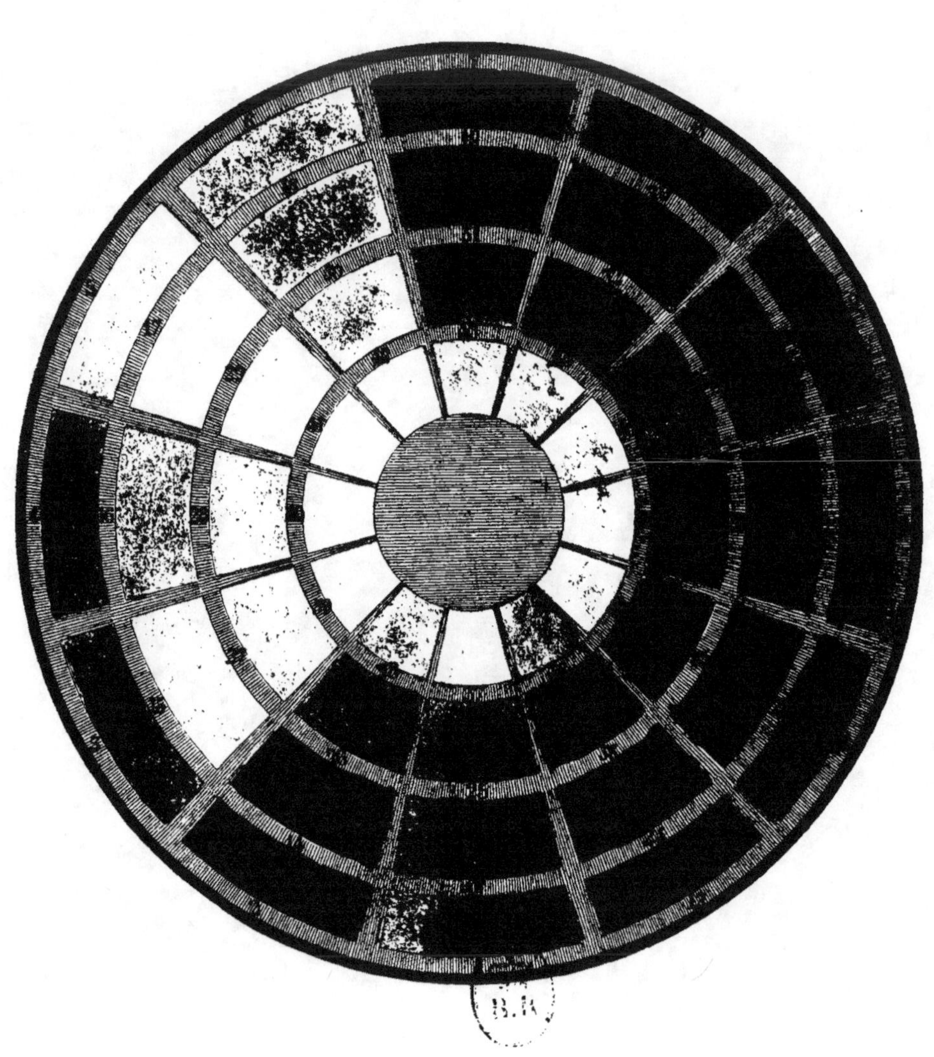

TRAITÉ

SUR LA

CULTURE DES ŒILLETS;

SUIVI

D'UNE NOUVELLE CLASSIFICATION

POUVANT AUSSI S'APPLIQUER AUX GENRES ROSIER, DAHLIA, CHRYSANTHÈME,

ET A TOUS CEUX QUI SONT NOMBREUX EN VARIÉTÉS

PAR

RAGONOT-GODEFROY,

HORTICULTEUR A PARIS.

> En voyant ces œillets qu'un illustre guerrier
> Arrose d'une main qui gagna des batailles,
> Souviens-toi qu'Apollon a bâti des murailles
> Et ne t'étonne pas si Mars est jardinier

PARIS.

AUDOT, ÉDITEUR DU BON JARDINIER,

RUE DU PAON, N° 8.

—

1842.

A

MONSIEUR DE MIRBEL,

DE L'ACADÉMIE DES SCIENCES, ETC.

Hommage du plus profond respect.

RAGONOT-GODEFROY,

HORTICULTEUR A PARIS,

Avenue Marbeuf, 9

INTRODUCTION.

Le mérite de la nouveauté dans une fleur ne saurait lui valoir longtemps l'avantage d'en remplacer d'autres antérieurement connues pour faire l'ornement et le charme de nos parterres.

L'éclat, la variété, les formes plus ou moins élégantes ou bizarres des fleurs nouvellement introduites, peuvent, sans nul doute, solliciter notre choix pour le moment; mais ces qualités seules ne suffisent pas. Les fleurs les plus dignes de nos soins sont, sans contredit, celles qui, à ces grâces, à ce brillant coloris, joignent encore une suave odeur.

Une première place dans nos jardins est donc justement assignée à l'œillet, même botaniquement parlant; et nous ne pouvons concevoir qu'il ait été assujetti à l'influence si souvent injuste de la mode, encore moins que des gens blasés ou sans goût aient osé parler de négliger sa culture. Mais le plus grand nombre des amateurs a fait justice de cette monomanie pour les végétaux exotiques, dont, le plus ordinairement, tout le mérite consiste à venir d'autres climats, et à être, par conséquent, d'une culture aussi dispendieuse que difficile : en dépit de la mode, l'œillet est resté en possession de briller dans tous les parterres des véritables amateurs. En effet, est-il une plante dont le port soit plus élégant et les fleurs plus riches d'éclatantes couleurs, de nuances tendres ou délicates, et d'accidents variés ? son parfum suave ne la distingue-t-il pas entre toutes les belles plantes ? Parmi le petit nombre de celles que l'on pourrait lui comparer, en est-il beaucoup qui résistent mieux aux intempéries de nos hivers ? n'exigeant que quelques soins peu assujettissants, en est-il qui se reproduisent aussi facilement par semis, par marcottes ou par boutures, et dont la culture soit aussi sûre qu'attrayante ?

Tant de précieuses qualités réunies ne pouvaient manquer de prévaloir sur une indifférence que rien ne saurait justifier. Déjà beaucoup d'amateurs distingués reviennent de nouveau à cette fleur avec plaisir ; elle reprend le rang qui lui est assigné par la nature et le bon goût. Dans le siècle où nous vivons, rien de beau et d'agréable ne peut échapper aux amateurs et même aux personnes du monde les plus distraites par leurs occupations ou leurs plaisirs. Une culture progressive a enrichi l'œillet de nouvelles formes gracieuses, de mille nuances que jusqu'alors on ne lui connaissait pas, et il est aujourd'hui recherché plus que jamais. Quand sa culture a été négligée, c'est qu'elle était réduite aux œillets flamands, genre alors exclusivement en faveur, d'une conservation fort difficile, et qui nécessitait des soins très-minutieux. Mais ces jolies miniatures devaient-elles partager le sort des œillets flamands ? Qu'on les compare avec eux, et l'on se convaincra qu'elles exigent bien moins de soins. Ces plantes sont plus robustes, plus variées ; leur conservation et leur reproduction exigent moins de connaissances horticoles; elles ont encore l'avantage de conserver plus longtemps la pureté de leur couleur, sujet de reproche incessant et fondé qu'on fait à l'œillet flamand, dont l'uniformité est sans contredit monotone. Dans les collections les plus riches, on compte à peine cinquante de ces œillets flamands bien distincts, tandis que les fantaisies en comportent plus de cinq cents. Nous le demandons, est-ce justice, si aujourd'hui la mode et le bon sens, d'accord, accueillent les fantaisies et négligent les flamands? Notre assertion est parfaitement justifiée par l'aveu remarquable d'un amateur passionné des œillets flamands, M. le baron de Ponsort.

Aimables femmes, amies et rivales de nos plus belles fleurs, amateurs dont les jardins renferment des trésors de beauté, cultivez ce joli et coquet œillet de fantaisie! il vous dédommagera des peines infinies que vous vous donnez pour un ingrat flamand qui vous échappe. Passionné pour cette fleur d'une beauté si piquante, loin de m'en réserver les plaisirs, je prétends ici vous les faire partager. Agréez l'hommage de ce petit *Traité sur la culture de l'œillet*; vous y trouverez tout ce qui a rapport à son éducation, à sa conservation et à sa reproduction. Il est si agréable de suivre une jeune plante dans son développement! Quelle douce récompense de vos soins quand sa ravissante fleur se présente dans toute sa parure, revêtue de couleurs brillantes, souvent enrichie d'accidents admirables, embaumant de suaves émanations l'air que vous respirez! Son existence, il est vrai, n'est pas d'une bien longue durée, mais, comme chez la rose, sa fleur renaît chaque printemps et toujours avec les mêmes charmes!

TRAITÉ

SUR LA

CULTURE DES ŒILLETS.

DE LA NATURE DE TERRE

QUE L'ON CROYAIT AUTREFOIS PROPRE AUX OEILLETS.

Bien que l'œillet de fantaisie puisse se passer d'une terre aussi parfaite que les œillets flamands, comme eux, néanmoins, il préfère une terre qui soit appropriée à son organisation.

Un préjugé établissait que le terreau de saule était si favorable à ces végétaux qu'aucune autre terre ne pouvait le remplacer. Les amateurs ont prétendu depuis qu'une terre franche leur convenait mieux, et cette dernière opinion nous semble plus près de la vérité; toujours est-il vrai que si cette terre est trop compacte, elle fait pourrir le chevelu des racines.

Pour le terreau de saule employé pur, je puis affirmer qu'il leur est préjudiciable comme toutes les substances susceptibles de fermentation; car elles sont incontestablement la source inévitable d'une maladie terrible pour l'œillet : le chancre.

TERRE QUI LEUR CONVIENT.

La terre qui convient le mieux à l'œillet, est une terre argileuse et siliceuse à la fois. Elle doit être onctueuse et douce au toucher, et se diviser aisément sous les doigts. Une bonne terre à blé est une bonne terre à œillet, pourvu qu'elle ne soit pas trop forte, car si elle est trop compacte elle sera plus préjudiciable qu'une terre trop maigre.

Il faudra donc, après un examen sévère, ajouter du sable fin pour la diviser s'il y a nécessité ; on ajoute ensuite un tiers de terreau très-consommé, n'importe lequel, comme engrais; on passe le tout à la claie, puis on a soin d'abriter ce compost des pluies d'hiver, afin qu'il ne soit pas trop humide au moment de s'en servir. Cette préparation doit être faite dans le courant de l'été, afin de laisser au terreau le temps de finir sa fermentation et de se combiner avec la terre de manière à former un tout homogène.

DES POTS.

Quoique les œillets puissent aussi bien se développer dans des pots de toutes les formes, pourvu qu'ils contiennent assez de terre pour les nourrir, je proposerai de leur en donner une qui d'ailleurs est presque généralement adoptée par les amateurs. Ces vases sont peut-être moins gracieux que les autres au premier aspect, mais ils trompent l'œil sur leur grandeur réelle ; de plus, ils offrent la facilité d'être rapprochés les uns des autres, suivant le besoin, de manière à présenter un ensemble plus agréable. Ils doivent être de forme élevée, dans les proportions de cinq pouces et demi de diamètre intérieur à la partie supérieure, de quatre pouces et demi à la partie inférieure, sur huit pouces de hauteur totale.

DU REMPOTAGE.

Lorsque les fortes gelées sont passées et au moment où les œillets entrent en séve, c'est-à-dire vers le 15 mars, on doit s'occuper du rempotage ; on supprime toutes les feuilles sèches ou jaunes au moyen des ciseaux ; on garnit le fond du vase de quelques tessons de pots ou de coquilles d'huîtres pour faciliter l'écoulement des eaux. On aura soin de ne pas enterrer la jeune plante trop profondément : un pouce suffit. Il est très-important de tenir compte de cette observation, car si la racine était trop surchargée de terre, elle pourrait, en se pourrissant, provoquer la mort de l'individu.

Lorsqu'on empote il est nécessaire que la terre soit comprimée et qu'elle devienne même ferme, car de cette opération dépendent beaucoup la force et la durée de la fleur. Rempotée trop à l'aise, le principe d'alimentation est spontanément absorbé par le soleil, les racines ont à souffrir de cette inconstance d'humidité, les fleurs sont moins bien nourries, et par conséquent plus tôt flétries.

On doit mettre un tuteur provisoire à chaque plante aussitôt le rempotage; ce tuteur la protége contre tout accident; on l'arrosera légèrement, et on l'abritera du soleil pendant dix ou douze jours. Les amateurs croient assez généralement que le soleil de mars est mortel aux œillets; en conséquence, ils n'osent les exposer à ses bienfaisants rayons; c'est une erreur, c'est une précaution inutile. Le soleil n'est préjudiciable qu'aux plantes maladives, chancreuses, que l'intensité de la chaleur détruit en activant le mal. Cependant un soleil ardent et persistant, ainsi que des hâles continus, pourraient leur porter préjudice en desséchant trop vivement la terre, ce qui obligerait à les arroser très-fréquemment: pour obvier à cet inconvénient, il est prudent d'enterrer les pots dans une plate-bande, jusqu'au moment où la plante exige des soins réitérés; alors on retire les pots des plates-bandes pour les ranger convenablement sur les gradins, où ils figureront dans toute leur splendeur.

CULTURE EN PLEINE TERRE.

Quelques amateurs préfèrent cultiver l'œillet en pleine terre, parce qu'il y devient plus vigoureux, qu'il peut supporter un plus grand nombre de fleurs, et qu'avec moins de soins on obtient une végétation plus luxuriante. — Cela a lieu, parce que les racines peuvent se développer plus à leur aise, et que les principes d'humidité et de chaleur sont plus soutenus. Il faut convenir que les résultats seront toujours en faveur de la pleine terre, le sol fût-il moins parfait que la terre que nous indiquons. Si les amateurs prefèrent les cultiver en pot, c'est qu'alors ils peuvent disposer leurs plantes d'une manière plus agréable à l'œil, et y déployer plus de coquetterie.

Pour la culture en pleine terre, on dispose à l'avance des plates-bandes remplies, à un pied de profondeur, de la terre indiquée pour le rempotage. A défaut on emploie la meilleure terre du pays qu'on habite, toujours avec l'addition d'un tiers de terreau, comme nous l'avons dit. Cependant la qualité de la terre est moins indispensable, parce que les racines s'étendent davantage dans le sol que dans les vases, et elles peuvent aller chercher au loin les sucs qui sont propres à leur alimentation. Il faut espacer les individus de 10 pouces en tout sens, et suivre les mêmes données que pour le rempotage.

DU PAILLIS.

Quelques personnes ont coutume de couvrir la surface de la terre, soit sur les planches, soit sur les pots, avec du terreau : ce procédé est vicieux parce que le terreau produit toujours, en se décomposant, une certaine fermentation. Les amateurs qui se sont aperçus du préjudice que ce terreau causait aux plantes, l'ont remplacé par une couche de gros sable mêlé à un quart de terre; mais ce procédé, néanmoins, laisse encore à désirer, parce que le sable se mêle à la terre. La mousse serait préférable si l'on pouvait se la procurer aisément; elle ne se décompose pas à l'humidité, elle végète, au contraire; elle est aussi plus propre et plus agréable à l'œil que tout autre paillis.

DE LA PROPRETÉ.

Il est nécessaire de tenir ces plantes en état de parfaite propreté, autant par amour-propre que pour la santé des individus. Il faut supprimer les feuilles mortes ou jaunes, mais ne pas les arracher comme on le fait communément, parce que ces blessures déterminent une maladie mortelle, le chancre; il faut donc les couper avec des ciseaux

Il faut aussi retrancher avec soin les pousses nouées qui partent du pied; car, sur ces pousses malades, il se forme encore des chancres qui gagnent bientôt le corps de la plante et la font périr.

ARROSEMENT.

L'œillet, généralement, aime peu l'eau; il faut donc l'arroser avec discernement vers le printemps, parce que la terre est encore humide à cette époque; le soleil n'ayant pas encore beaucoup de force, l'absorption n'est pas encore aussi considérable qu'elle le sera plus tard. Il faut penser que toutes les plantes ne végètent pas également; celles qui sont le plus pourvues de feuilles ont aussi plus de racines; elles absorbent beaucoup plus d'eau que les plantes chétives qui ne doivent en recevoir que très à propos. La surabondance d'eau sera toujours nuisible aux œillets, et sa rareté leur sera beaucoup moins préjudiciable; ils demandent plutôt à être rafraîchis que baignés ou submergés.

Les œillets, comme toutes les plantes, aiment mieux une eau échauffée au soleil que celle sortant d'un puits qui apporte toute son âpreté.

ENGRAIS.

Un procédé d'engrais fort en faveur à l'étranger est celui-ci : pour cent plantes environ, on met tremper dans un baquet d'eau un tourteau de colza frais pesant un kilogramme ; lorsqu'il est bien délayé dans cette eau, on s'en sert pour arroser les œillets au moment où ils entrent en végétation, et ensuite, au moment où les boutons montrent leurs couleurs Ce procédé, peu en usage chez nous, mérite cependant d'être mis en pratique, car on ne peut en attendre que de bons résultats.

DES PLANTES CHÉTIVES OU MALADES.

Il arrive presque toujours, malgré les soins qu'on donne à ces plantes, qu'il s'en trouve de trop chétives pour faire honneur à une collection; il serait bon de les mettre en pleine terre, pour leur rendre toute leur vigueur ; on supprime le bourgeon pour les faire drageonner. N'ayant pas de fleurs à nourrir, ces plantes se fortifient, au point de devenir plus vigoureuses que les autres, et elles fleurissent même quelquefois à la fin de la saison.

DES TUTEURS.

Les tuteurs à préférer sont ceux de bois ; les plus durs, les plus droits sont les meilleurs. Quelques personnes, soit par élégance, soit pour la durée, font usage de tuteurs de fer; mais il n'y a pas d'économie à en faire l'emploi, ils peuvent même devenir nuisibles; la terre étant mouillée, le tuteur, toujours trop mince, ne peut soutenir le poids de la plante contre le moindre vent; en se penchant il entraîne le bourgeon et le casse s'il ne peut suivre son inclinaison. Si le tuteur de fer est fiché sur le bois, il ne vaut pas mieux, parce qu'il froisse toujours les racines quand on l'introduit dans le pot. Il est urgent de bien aiguiser en pointe les tuteurs, quels qu'ils soient, afin de ne point nuire aux racines.

DES BAGUES OU ATTACHES.

Je me sers, pour fixer les œillets à chaque tuteur, du procédé de M. le baron de Ponsort, procédé que je trouve fort ingénieux et fort commode. Il consiste à introduire trois ou quatre petits anneaux dans les aisselles des feuilles, et de les remonter à mesure que les plantes prennent du développement. Ce procédé a un avantage décidé sur le lien de jonc ; l'anneau glisse sur le tuteur suivant le besoin de la plante et ne *coupe* pas les œillets; on a bien plus tôt fait de remonter un anneau, ou d'en ajouter un au besoin, que de faire une attache de jonc. On peut soi-même fabriquer ces bagues : on choisit à cet effet un morceau de bois droit, ou mieux une tringle de fer de la grosseur d'un bouton d'œillet, on contourne sur cette espèce de mandrin un bout de fil de fer que l'on coupe avec des cisailles, et voilà toute la préparation qu'exige cet anneau. On peut encore l'employer pour empêcher la fleur de se déchirer; nous reviendrons sur cet article.

SUPPRESSION DU BOUTON.

Bien que les œillets de fantaisie puissent, à cause de leur vigueur, supporter un plus grand nombre de fleurs que les flamands, cependant on doit en proportionner le nombre à la force de chaque individu, de même qu'on peut laisser aussi plusieurs tiges à fleurs si cet individu est de force à les porter. Mais j'observerai que lorsque l'on tient à avoir des fleurs d'un grand diamètre, on ne peut en laisser un grand nombre. Lors même qu'on serait curieux d'en voir beaucoup réunies, il est nécessaire de retrancher aux boutons principaux ceux plus petits qui leur sont adhérents, car ils vivraient à leurs dépens, tous fleuriraient mal, souvent même ils avorteraient, et toute jouissance serait perdue pour avoir voulu trop exiger. Trois ou quatre belles fleurs font plus d'honneur que six et même dix fleurs médiocres; d'ailleurs la suppression du bouton est toujours en faveur des marcottes.

DES BOUTONS.

Lorsque les boutons grossissent et que les couleurs sont visibles, il faut se garder de les ouvrir sans nécessité, car la nature prévoyante a donné à chaque fleur un calice qui les enveloppe plus ou moins, suivant le besoin, dans le dessein de les protéger contre leurs ennemis ou contre les intempéries des saisons. Ce calice se flétrissant par le toucher, les insectes s'y introduisent et décolorent la fleur avant qu'elle ait pu s'épanouir.

Cependant il faut souvent aider à son développement, car il arrive parfois que la surabondance de séve occasionnée par les temps humides, provoque un déchirement qui nuit à la beauté de la fleur; dans ce cas on se sert de la pointe d'un canif; on ouvre les cinq divisions du bouton, également, pour aider à son épanouissement. S'il se déchire encore malgré cette opération, on se sert des bagues que j'ai indiquées; elles suffiront pour empêcher la fleur de se déformer, et elles dispensent des soins minutieux, ennuyeux même, qu'exigent les cartes.

DE LA FLORAISON.

La floraison est, pour un amateur, un temps de délice ; cependant le plaisir que lui procure l'épanouissement de ses protégés n'est pas exempt d'inquiétude et de travail, à cause des soins réitérés qu'il est obligé de leur donner ; mais la compensation est si grande qu'elle lui fait trouver bien doux les instants qu'il leur consacre. Il veut tout faire par lui-même ; il dispose ses plantes avec art sur ses gradins ; il arrange chacune de ses fleurs avec coquetterie et bon goût, soit pour faire valoir les unes, soit pour cacher les défauts des autres, ainsi qu'une tendre mère pour ses enfants. La visite de ses amis le réjouit ; il leur présente avec complaisance sa jolie et nombreuse famille ; on examine, on admire, on revient de l'une à l'autre ; chaque éloge, chaque signe d'admiration est un plaisir ineffable pour le propriétaire. Quel bonheur pour lui de se voir entouré de plantes admirables, de fleurs charmantes ! Tout est beau autour de lui ; les soins, les peines, les dépenses, tout est oublié au milieu de ces enivrements de parfums et de ces rayonnements de couleurs si douces et si pures !

DU GRADIN.

Un gradin doit être construit de manière à pouvoir donner avec aisance des soins à chacune des plantes qu'il contient; cinq à six tablettes suffisent : ce gradin doit être adossé le long d'un mur au nord ou au levant; il sera recouvert d'une toile mobile, pour protéger les plantes des pluies surabondantes, et de la décoloration qu'un soleil trop ardent produirait sur les fleurs si elles y étaient exposées sans réserve.

ADOPTION DES OEILLETS.

On doit mettre le plus grand soin dans le choix des individus qui doivent composer cet ensemble, non-seulement pour satisfaire l'amour-propre, mais encore pour éviter que les bonnes plantes n'aient à souffrir dans leur fécondation du voisinage des plantes secondaires.

On exige pour l'adoption d'un œillet de fantaisie une bonne conformation du bouton, la perfection d'épanouissement de la fleur, sa plénitude et sa dentelure si elle est caractéristique. Quant aux couleurs, le bon goût seul en décide; les plus pures, les dessins les plus réguliers, les plus harmonieux, sont ceux qui obtiennent la préférence. Un œillet qui ne se déchire pas, quel que soit l'état atmosphérique, doit être considéré comme une perfection. Celui qui ne crève qu'accidentellement, comme celui qui ne nécessite que quelques soins dans son épanouissement, peuvent être considérés bons eu égard à leur couleur et à leur ampleur. Il faut rejeter comme *crevards* ceux dont le bouton est renflé vers sa base et dont le reste est conique, et ceux qui sont renflés vers le centre. Ces sortes de boutons, trop fournis en pétales, ne fleurissent jamais bien ; on ne doit les admettre dans aucune collection.

DES GRAINES.

Il est important, pour recueillir des graines qui puissent produire de bons œillets, de les récolter sur les plantes les plus parfaites. Il faut que ces porte-graines soient aérés et protégés contre les grandes pluies ; on doit les arroser assidûment. Quelques plantes donnent difficilement graine : cela tient à la multiplicité des pétales qui remplacent les organes reproducteurs. Si parmi ces plantes il s'en trouve dont le mérite fasse désirer d'en obtenir des semences, il faut les rempoter dans une terre maigre, leur laisser plus de boutons ; les fleurs, appauvries par ce traitement, fourniront moins de pétales, et l'on pourra espérer des graines.

MATURITÉ DES GRAINES.

On reconnaît aisément la maturité de la graine par son enveloppe (ou péricarpe) qui grossit, puis jaunit. Quand on doute de sa maturité, on l'ouvre légèrement : si la graine n'est pas assez mûre, elle est jaune ; si elle est noire, elle est bonne à récolter : coupez les enveloppes et mettez-les sécher au soleil avant de les serrer.

DU MARCOTTAGE.

Le marcottage au cornet a ses avantages et ses désavantages. Les marcottes sont plus régulièrement saines, parce que l'eau ne séjourne pas dans les cornets ; mais elles sont toujours plus chétives, et nécessitent des soins et des arrosements plus fréquents ; si on les néglige, les bourrelets noircissent, durcissent, et s'enracinent difficilement. Ce marcottage est aussi plus minutieux que celui au crochet, ou de pleine terre. Les marcottes par ce dernier procédé se contentent de soins généraux ; aussi est-il plus universellement adopté. Du reste, la réussite couronnant presque également ces deux marcottages, l'amateur fera choix de celui qui lui sera le plus aisé.

Le marcottage s'opère aussitôt la défloresrence. Bien que la radification ne soit pas plus de six semaines à s'effectuer, il vaut toujours mieux être en avance qu'en retard, parce qu'il y a toujours des plantes plus difficiles à s'enraciner les unes que les autres, et que les plus délicates nécessitent d'être laissées plus longtemps attachées à la mère, ce qui assurera leur conservation.

Pour opérer le marcottage, on disposera des planches ou plates-bandes, dont la terre sera bien ameublie; chaque plante sera épluchée, et les feuilles surabondantes seront supprimées avant la plantation. Tout le monde connaît l'incision pratiquée pour le marcottage : c'est une fente en long de la marcotte, à moitié de son épaisseur, immédiatement au-dessous d'un nœud. Cette opération réussit généralement : aussi les praticiens s'en sont-ils contentés; mais, comme il arrive que l'épiderme, partie délicate de la plante, mis ainsi à découvert, pourrit et entraîne la perte de la marcotte, on a dû y remédier en recoupant la languette jusqu'à la rencontre de l'autre ligne. L'incision ainsi pratiquée, la surface d'où partent les racines est large et épaisse; et quand même le rapprochement des parties aurait lieu, il n'empêcherait pas la radification de s'opérer, puisqu'il existe un vide à la base de cette incision.

DES HAUSSES.

Quelquefois les marcottes ont la tige trop courte ou trop élevée pour pouvoir être recourbée et enfoncée en terre sans se casser ; alors on se sert de hausses ou pots, tronqués par leur base, destinés à cet usage. Ces hausses doivent avoir trois à quatre pouces de haut sur six à sept de large ; on les passe au travers de la plante et on les remplit de terre. Il sera facile d'y renfermer les marcottes ; elles s'y trouveront très-bien, puisqu'elles participeront par leur base à la fraîcheur de la terre.

DU SEVRAGE ET DE L'HIVERNAGE.

On peut sevrer les marcottes dans la première quinzaine d'octobre ; on les plante en pépinière à trois pouces de distance sur tous sens, de manière à ne prendre que trois pieds sur une plate-bande de quatre pieds de large. On fixe à chacun des bords de cette dernière des cerceaux distancés entre eux de trois pieds. On attache en haut des cerceaux une petite planche sur toute la longueur de la plate-bande pour maintenir leur écartement et servir en même temps à rejeter les eaux. Cette petite charpente est assez solide pour supporter des toiles cirées ou des paillassons, dont le brin est disposé en long. Accrochés sous la planche, ils abritent les plantes des pluies froides d'hiver, des neiges et du soleil. Si les œillets ne redoutent pas la gelée, ils craignent la transition subite de température qu'occasionne le soleil. On conçoit facilement l'avantage de ce procédé sur celui de conserver les plantes en serre, où elles sont énervées par la privation de l'air, car elles demandent de grandes précautions lorsque par suite il faut les exposer au hâle desséchant de mars. Celles conservées par notre procédé sont endurcies par cet air qui circule à chaque extrémité de la platebande; elles pourront jouir de quelques beaux jours d'hiver, lorsque la température permettra de relever les toiles ou paillassons qui les ont abritées jusqu'alors.

DES SEMIS.

Certains amateurs ont prétendu connaître à l'inspection de la graine les œillets simples ou doubles; je n'ai fait aucune expérience pour m'assurer de ce fait. Mais si cette distinction était possible, elle rendrait un service important à ceux qui sèment des œillets en certain nombre. Pour moi, j'ai compté à peine vingt à trente plantes, sur un semis de vingt milliers d'individus; cependant je ne sème que des graines récoltées sur mes meilleures plantes. Suivant le dire de ces amateurs, on ne sèmerait que des graines noires *lisses et bien pleines*, ce qui n'est pas justifié.

Je sème ordinairement dans la première quinzaine d'avril en pleine planche. Après avoir égalisé ma terre avec soin, je la comprime légèrement avec une planche; ayant ainsi établi une surface unie, il m'est aisé de m'assurer si mes graines sont bien répandues également. Je les recouvre ensuite de quatre lignes de terre à peu près, répandue avec un tamis; je finis de l'égaliser avec le dos du râteau; j'arrose légèrement et à plusieurs reprises, afin de ne pas découvrir mes graines et de ne point les déplacer. Je recouvre ma planche d'un paillasson pour empêcher la terre de se durcir et favoriser la germination.

Une huitaine de jours suffisent pour obtenir cette germination. Aussitôt que je vois la terre soulevée par les germes, j'ôte les paillassons et je bassine de temps en temps mon jeune plant. Dès que huit à dix feuilles se sont développées sur chaque plante, je les repique à cinq pouces de distance sur tous sens pour passer l'hiver. Comme les semis sont plus robustes que les marcottes, quelques brins de paille étendus sur les jeunes plantes suffiront pour couper les rayons solaires qui leur seraient préjudiciables en temps de gelée. Au moment du rempotage à peu près, c'est-à-dire en mars, on met définitivement ces plantes en place ; on les espace de dix pouces en tous sens ; et l'on choisit de préférence un temps humide pour faire ce travail, afin que les plantes aient moins à souffrir.

DES MALADIES.

Les maladies sont aux plantes ce qu'elles sont aux animaux ; il faut aux uns et aux autres des aliments appropriés à leur organisation respective. Aussitôt qu'ils cessent d'avoir les éléments qui leur sont propres, l'équilibre est rompu et les maladies naissent : la cause en est aussi dans le trop de nourriture ; cet excès détermine à lui seul des maladies funestes.

La terre et l'eau, éléments de la vie des œillets, peuvent donc devenir une cause de mort : aussi les arrosements trop abondants, de même qu'une terre trop compacte, occasionnent la pourriture. Une terre susceptible de trop de fermentation produit le chancre. Ces deux maladies sont mortelles pour les œillets et presque toujours sans remède. Les autres maladies sont peu à craindre heureusement : on en guérit les plantes en les mettant en pleine terre et en les privant d'eau. La terre de bruyère leur est très-favorable dans leur état maladif, en ce qu'elle procure à l'eau un écoulement facile. Une plante est-elle languissante, il faut examiner si elle est attaquée par un chancre ou par la pourriture ; dans l'un et l'autre cas, on doit couper la marcotte jusqu'à ce qu'on trouve la moelle dans son état normal, c'est-à-dire blanche, et on la replante en boutures. Si c'est une autre maladie moins dangereuse, on mettra les marcottes en pleine terre, et on ne les arrosera que légèrement, jusqu'à ce qu'elles aient commencé à végéter avec vigueur. En résumé, une bonne végétation est presque toujours exempte de maladies.

INSECTES NUISIBLES.

Les insectes les plus nuisibles aux œillets sont le staphylin, les perce-oreilles et les fourmis ; ils causeraient les plus grands dommages à une collection, si on ne les détruisait avec soin. D'autres insectes leur portent encore préjudice, mais ils s'attaquent également aux autres plantes, tels que les vers gris, les chenilles, etc. ; on connaît le moyen de les détruire. Nous ne parlerons que de ceux qui s'attachent particulièrement aux œillets, ou qui leur causent le plus de préjudice.

Le staphylin est un insecte noir, ailé, et presque imperceptible à l'œil ; ses larves sont jaunes. Il attaque particulièrement le cœur de la marcotte ; alors les feuilles se roulent, jaunissent et deviennent cassantes, si l'on y touche. Cette piqûre détermine la rouille, et la rouille occasionne le chancre. Le moyen de détruire cet insecte, c'est de couper le bout des feuilles, afin d'exposer le cœur à l'air libre. On déroulera les feuilles, et on y introduira du tabac très-fin, et si les plantes sont en pot, on les mettra à l'ombre. On a contredit les bons effets du tabac pour la destruction de ces insectes : j'en ai réitéré l'épreuve, et je puis en constater l'efficacité.

Les perce-oreilles ou forficules et les fourmis s'introduisent dans la fleur pour en extraire le suc mielleux qu'elle contient; ils coupent les pétales et même les graines. Pour prévenir leurs ravages et empêcher ces insectes de parvenir aux plantes, il faudrait mettre des cuvettes remplies d'eau sous chaque pied du gradin. Si les pots étaient placés sur une simple élévation de terre, il faudrait y déposer des morceaux de bois de sureau dont la moelle serait extraite ; les insectes infailliblement s'y réfugieraient, et il serait très-facile de les détruire. On emploie ordinairement des ergots de mouton ou des pipes qu'on place sur l'extrémité des tuteurs ; mais ces objets sont fort disgracieux à la vue, et pour arriver au même résultat, il vaut beaucoup mieux avoir recours aux premiers procédés.

Pour les fourmis, on place à terre des pots ou

de petites bouteilles remplis d'eau miellée, où elles viennent se noyer.

DES ÉTIQUETTES.

Avant de terminer ce petit traité, je vais faire connaître les étiquettes dont je me sers pour ma collection d'œillets. Beaucoup d'amateurs disent : que les plantes soient étiquetées ou numérotées, cela est indifférent. Je soutiens que le numérotage n'est pas satisfaisant : on n'a qu'un chiffre à la mémoire, tandis que le nom rappelle mieux l'image de la plante, et sa recherche en est aussi plus facile. Les étiquettes avec des noms seront donc à préférer, mais il faut qu'elles soient assez peu dispendieuses pour pouvoir être renouvelées ou changées suivant le besoin. Celles de terre cuite quelconque sont dispendieuses et ne peuvent supporter aucune modification ; celles de bois se pourrissent rapidement et sont souvent peu uniformes ; celles de zinc, écrites avec une encre préparée à cet effet, seraient à préférer à celles précitées, mais elles s'oxydent souvent au point d'être obligé de mouiller et gratter la surface des caractères pour pouvoir les lire. Je donne encore la préférence à celles de verre : elles sont les moins dispendieuses de toutes, puisque les moindres fragments de carreaux peuvent être employés à leur confection.

Fabriquant moi-même ces étiquettes avec les débris de verre que je n'utilisais d'aucune manière, mon temps compté, de même que la peinture, elles ne me reviennent pas à 1 franc le cent. Pour mieux dire, elles ne me coûtent que le temps, puisqu'elles n'emploient pas plus de 2 sous de couleur par cent, à cause de leur surface unie.

Pour établir ces étiquettes, je dessine sur un papier la grandeur que je veux leur donner; avec le diamant je les coupe sur ce calibre aussi régulièrement que possible; avec un pinceau de blaireau, je les enduis d'une couche très-légère de céruse à l'huile avec moitié d'essence; je les pique sur un pot rempli de terre; en huit jours, en été, je peux me servir de mes étiquettes, soit écrites à l'encre soit au crayon.

NOUVELLE

CLASSIFICATION DES OEILLETS.

Parmi les fleurs qui méritent les soins et la sollicitude des amateurs, il n'en est point que l'on puisse préférer à l'œillet, ni même lui comparer, si l'on en excepte la rose. Comme cette dernière, l'œillet a l'élégance des formes, la grâce des contours, les suaves émanations du plus doux parfum ; mais il n'a pas d'épines! ses couleurs sont plus vives, plus agréablement distribuées, beaucoup plus richement nuancées, et, sous ce dernier rapport, il ne le cède pas à la tulipe, si belle, mais si vite flétrie et sans odeur. Aux yeux de l'homme sans prévention, l'œillet l'emporte de beaucoup sur toutes les autres plantes de collection, telles que camellia, dahlia, renoncule, etc.

Il nous a donc paru que le temps était venu de classer les nombreuses variétés de cette charmante fleur, à l'aide d'une méthode nouvelle, invariable, agréable et facile. On conçoit aisément que, à propos d'une classification de variétés jardinières, nous n'avons pas eu la prétention de faire de la botanique, et encore moins de la science, qui, dans ce cas, eût été parfaitement inutile. Nous avons voulu seulement créer une nomenclature fixe, non arbitraire, et qui présentât en elle-même les principaux caractères de chaque fleur, sans autre description que le nom de méthode et celui de dédicace, comme nous l'expliquerons plus loin. Si notre classification est adoptée, il en résultera nécessairement que les catalogues donneront aux amateurs une idée nette de la fleur qu'ils désireront posséder, et qu'ils ne pourront jamais se tromper sur l'objet de leur demande.

En effet, les catalogues publiés jusqu'ici ne peuvent être regardés que comme de simples *memorandum* sans ordre ni principes, où les noms sont arbitrairement imaginés, les descriptions vagues quand il y en a, le tout fait comme au hasard et selon le caprice de chaque horticulteur ou amateur, sans que rien puisse aider la mémoire quand il s'agit de se retrouver au milieu de cette confusion de noms insignifiants. La nouvelle classification que nous présentons a pour but de rappeler la synonymie à une unité de principe qui mettra en concordance tous les catalogues, et nous la croyons à la fois méthodique et mnémonique. C'est donc une idée neuve que nous présentons ici. Cependant, en donnant le sommaire de cette classification, nous ne prétendons pas la faire prévaloir sans la motiver, et c'est ce que nous allons essayer.

EXPLICATION DE CETTE CLASSIFICATION.

§ 1er. *Division des œillets partagés en quatre groupes.*

Autrefois on n'admettait généralement que deux divisions, dans lesquelles on classait les nombreuses variétés de l'œillet des fleuristes : la première et la plus estimée renfermait les œillets flamands; la seconde, les œillets de fantaisie, et tout ce qui n'était pas régulièrement flamand était réputé fantaisie. Nous n'avons pas besoin de dire combien cette classification était insuffisante, puisque les amateurs eux-mêmes le sentaient parfaitement. Aussi avaient-ils essayé de faire quelques subdivisions ; mais ces groupes étaient fondés sur des caractères si légers, si variables, qu'on fut bientôt obligé d'y renoncer.

Plus une collection de fleurs est considérable, plus elle exige d'ordre et de méthode, afin de ne pas confondre les unes avec les autres les nombreuses variétés qui la composent. Or, au grand désappointement des amateurs et des cultivateurs, c'est principalement par le défaut d'ordre que pêche l'ancienne classification. Des noms ambitieux, tels que *princesse Hélène*, *empereur de Russie*, *grand sultan*, etc., n'ont aucun sens relativement à la variété, qu'ils ne désignent que comme pourrait le faire un simple numéro; ils n'indiquent ni son origine, ni son caractère ni sa couleur, et si parfois un de ces noms est accompagné de la désignation de strié ou linéé, mordoré, violacé, etc., on n'en est guère plus avancé, car ces épithètes peuvent appartenir à la fois à cinquante fleurs très-différentes du reste. Il en résulte que le *grand sultan* et l'*empereur de Russie*, quoique pouvant être fort beaux, restent, malgré leurs noms pompeux, inconnus aux amateurs et enfouis pour toujours dans la collection de l'horticulteur qui les a obtenus.

Voici un autre inconvénient de ces noms d'autant plus insignifiants qu'ils sont plus brillants : c'est qu'ils peuvent venir à la fois dans l'esprit de plusieurs cultivateurs qui les appliquent à plusieurs plantes différentes, ce qui ne contribue pas peu à augmenter la confusion.

Le difficile, pour créer une bonne classification, était de trouver un caractère invariable, sur lequel on pût établir des divisions sûres. Nous avons trouvé ce caractère dans la couleur, et notre expérience dans la culture des œillets nous porte à croire qu'il n'en existe pas d'autre aussi fixe que celui-ci. Comme toutes les fleurs, l'œillet a un type de couleur, soit que cette couleur soit unique ou seulement dominante. Dans le cas où elle est unique, la fleur n'est pas très-estimée à cause de son uniformité; mais cette couleur n'en est pas moins le fond invariable sur lequel viendront se fondre, se mélanger, d'une manière plus ou moins harmonieuse, les nombreuses nuances formant les variétés.

Ainsi donc, c'est sur la considération de la couleur dominante, formant le fond de la fleur, que nous avons établi nos divisions, ainsi qu'il suit :

Premier groupe. Les rouges.

Deuxième groupe Les jaunes. Ce groupe se subdivise en deux tribus, savoir : les jaunes proprement dits et les chamois.

Troisième groupe. Les blancs. Ce groupe se subdivise en quatre tribus, savoir : les fantaisies, les flamands, les bichons et les sablés.

Les fantaisies n'ont aucun caractère qui leur soit propre.

Les flamands doivent avoir les pétales sans aucune dentelure.

Les bichons, presque toujours dentelés, doivent avoir chaque pétale teinté à son centre et non au bord.

Les sablés ont les pétales entiers ou dentelés, pointillés de diverses couleurs.

QUATRIÈME GROUPE : *LES ARDOISÉS*.

§ 2. *Des noms méthodiques.*

Dans le paragraphe précédent nous avons dit que le même nom peut être donné à plusieurs œillets différents obtenus dans diverses localités. Mais il arrive plus fréquemment encore que la même variété, obtenue par plusieurs cultivateurs dans des établissements différents, ait autant de noms qu'elle a de propriétaires qui s'en regardent comme le créateur, si je puis me servir de cette expression : chacun d'eux, ignorant que cette variété venait d'être trouvée par un autre, s'est cru suffisamment autorisé à la baptiser à sa fantaisie en la trouvant dans ses semis. Voilà bien certainement une source intarissable d'erreurs préjudiciables au commerce, et de vives contrariétés pour les amateurs. Que l'un d'eux demande à un horticulteur une ou plusieurs variétés sous des noms qui leur ont été imposés par tel ou tel catalogue. cet horticulteur croit les reconnaître, mais sous d'autres noms, et alors, par délicatesse, il hésite... Cependant..... les fleurs demandées sont bien réellement sous sa main. Voilà un fait qui peut faire attribuer à la mauvaise foi des erreurs occasionnées seulement par le manque d'unité, d'accord, dans les dénominations primitives.

Néanmoins, la plupart des noms avec lesquels on désigne aujourd'hui les œillets ajoutent souvent, si ce n'est pas à leur mérite, au moins à leur prix ; nous nous garderons donc de les supprimer, et nous les ferons au contraire tourner au profit de notre méthode, c'est-à-dire que nous ne les emploierons que comme noms de dédicace. Par ce moyen, nous remédierons aux inconvénients qui, trop souvent, compromettent injustement l'honneur du cultivateur, en faisant naître des doutes offensants dans l'esprit de collectionneurs. Cette raison seule, ce nous semble, serait suffisante pour faire désirer un langage synonymique qui serait unique et pourrait être compris et parlé par tout le monde.

Nous croyons avoir atteint ce but en établissant ainsi notre méthode :

Chaque variété pourra avoir deux noms, premièrement celui qui devra indiquer le groupe auquel elle appartient, et ce nom invariable sera le nom *méthodique ;* secondement le nom ancien, si c'est une ancienne variété ou un nom de dédicace qu'on lui imposera selon la fantaisie

Le nom *méthodique*, devant indiquer à quel groupe une variété appartient, ne peut être arbitrairement donné, et c'est là le principe de notre méthode. Voici comment nous l'établissons.

1er *Groupe.* Le nom méthodique ne pourra être emprunté qu'à l'Ancien-Testament, et ce nom par cela seul indiquera que la couleur dominante de l'œillet est le rouge.

2e *Groupe.* Le nom méthodique sera emprunté à la géographie, et annoncera ainsi que le fond de l'œillet est jaune. Ce groupe ayant deux tribus, on choisira un nom emprunté à l'histoire naturelle pour indiquer le fond chamois de l'œillet, qui appartient à la seconde tribu.

3e *Groupe.* Le nom sera inventé par le caprice ou la fantaisie, sans autre règle que celle de n'appartenir ni à l'Ancien-Testament, ni à la géographie, ni à l'histoire naturelle, ni à la mythologie grecque, pour ne pas faire confusion avec les autres groupes. Avec ces conditions, le nom méthodique indiquera que l'œillet appartient aux fond blanc. Néanmoins, ce groupe renfermant quatre tribus, dont une, celle des flamands, a de l'importance, le nom méthodique de cette tribu sera emprunté à l'histoire.

4e *Groupe.* Le nom méthodique sera emprunté à la mythologie grecque et romaine, et indiquera que l'œillet a le fond ardoisé.

Par exemple, j'ouvre un catalogue et je trouve un nouvel œillet coté sous le nom de Moïse : cela m'indique qu'il appartient aux fond rouge, parce que ces œillets seuls ont le droit de porter un nom pris dans l'Ancien-Testament; s'il porte le nom de caméléon, c'est un chamois; si on lui a imposé celui de Pline, c'est un flamand, etc., etc.

Voilà déjà un grand pas de fait, une grande difficulté aplanie.

§ 3. *Des noms de dédicace.*

C'est un bonheur pour qui voit éclore une belle fleur d'en faire hommage à un ami ou à un personnage honorable. Ce sentiment est trop louable pour ne pas trouver ici sa place ; un surnom de dédicace pourra donc suivre immédiatement le nom méthodique. Ce surnom, comme tant d'autres, pourra faire estimer davantage la fleur qui le portera ; il existe nombre d'Alexandre et de Louis, et cependant il n'est qu'un Louis, qu'un Alexandre, qui soit décoré du surnom de grand, qu'un Philippe qui soit couronné. Il sera toujours une gloire pour la fleur ; mais, connu ou inconnu, il ne pourra devenir un sujet de contrariété pour l'amateur, ni d'erreur pour le cultivateur, ni d'oubli pour la fleur même, puisque son nom méthodique la fera connaître.

Lorsque le nom méthodique de Josué précède celui du général Foy, que celui de la Seine sera suivi du comte de Rambuteau, que celui de Charmant soit accolé à celui de Rossini, quel inconvénient pourra-t-on trouver à cela? Qui pourra nous blâmer en voyant le nom de mademoiselle Grisi, ou de madame Damoreau-Cinti, suivre le nom méthodique de nos amours. Tout ceci deviendra un jeu d'esprit que l'à-propos, l'imagination et quelquefois le cœur rendront très-agréable ou très-intéressant.

§ 4. *Sur la description des œillets.*

Jusqu'à présent on s'est contenté, relativement à la description des variétés de l'œillet, d'employer des expressions vagues, telles que celles de *rayés*, *linées*, *tracés*, *striés*, *picotés*, bien loin de suffire aux besoins parce que ces expressions ne sont pas suffisamment précisées. Il serait difficile d'en créer de nouvelles qui fussent capables de faire reconnaître une variété par la description qu'on en aurait faite, et pourtant ce sont ces dispositions de lignes ou de points qui font les caractères différentiels de chaque fleur, qui la rendent si intéressante et qui lui donnent quelquefois un prix inestimable aux yeux de l'homme de goût. Pour obvier à ce grave inconvénient, et pour ne laisser aucun doute sur l'identité de chaque variété, il n'était qu'un moyen, celui de parler à la fois aux yeux et à l'esprit. En conséquence, nous avons fait dessiner et graver un tableau dans lequel sont figurées toutes les formes de pétales et tous les accidents de couleurs qu'ils peuvent éprouver. Ainsi l'amateur qui verrait, je suppose, sur mon catalogue : la perle, flammé, colonné, bordé, saurait déjà par son nom méthodique que l'œillet appartient aux chamois, et en recourant à notre tableau des pétales, il verrait un exemple du pétale flammé colonné et du pétale bordé. Ceci ne lui laisserait donc aucune indécision dans l'esprit, et il pourrait se figurer parfaitement l'œillet sans le voir.

Cependant, avec la forme des lignes et des stries, avec la place qu'elles occupent, il lui resterait encore à connaître la nuance positive de la fleur, et c'est ce dont nous allons nous occuper dans le paragraphe suivant.

§ 5. *De la couleur.*

On a vu par la distribution de nos groupes que les œillets se trouvaient naturellement divisés en fond rouge, jaune, chamois, blanc et ardoisé, mais ces couleurs varient prodigieusement dans leurs nuances; et cependant ces variétés de teintes sont indispensables à connaître, parce qu'elles caractérisent la plupart des œillets. Par des mots il est impossible de peindre à l'esprit des nuances quelquefois très-fugitives, et cette difficulté a toujours fait le désespoir des botanistes. Il n'était qu'un moyen d'y remédier, c'était d'agir comme nous avons fait pour les pétales, c'est-à-dire de parler à la fois aux yeux et à l'esprit : en conséquence, nous avons fait un tableau chromatique des couleurs, dans lequel nous avons donné presque toutes les couleurs et nuances que peuvent affecter les fleurs. Dans ce tableau, chaque teinte a son numéro d'ordre, et un numéro placé dans le catalogue immédiatement après notre courte description, indique la nuance du fond de l'œillet; le numéro suivant, toujours pris dans le tableau chromatique, indiquera la nuance des accidents. Comme il n'était pas possible de reproduire dans cette gamme toutes les nuances que peut donner la nature, on pourra indiquer une nuance qui serait intermédiaire entre deux nuances de notre tableau en posant les deux chiffres de ces teintes et les séparant par une ligne verticale. Nous pensons que par ce moyen fort simple un dessinateur habile pourrait peindre un œillet sans le voir; à plus forte raison un amateur ne pourra plus se tromper ni être trompé sur l'objet de sa demande.

RÉSUMÉ.

En donnant à cette classification une clarté que les autres n'eurent jamais, notre intention a été de la rendre utile et facile aux amateurs et aux cultivateurs. Il en résultera que les gens du monde n'ayant plus à se plaindre de cette difficulté qui hérissait cette branche aimable de l'horticulture, s'y livreront avec plus de plaisir et en plus grand nombre. Ceux-ci y gagneraient du plaisir, le cultivateur serait encouragé, mieux récompensé de ses soins, de son industrie, il marcherait avec plus d'assurance dans cette voie de progrès.

Notre méthode peut également s'appliquer à toutes les plantes nombreuses en variétés, quoique nous ne l'ayons employée que pour notre spécialité, qui met tous ses avantages en évidence. En effet, si d'après notre méthode on nomme une plante, la mémoire opère sans effort, et par la pensée on se représente la forme de la fleur; sa couleur et ses accidents, d'après le tableau. Nous allons en donner un exemple.

La Seine, — le comte de Rambuteau, — convergent pointillé, — 29, 13. Le nom géographique de la Seine place cet œillet parmi les fond jaune; les mots pointillé convergent, que l'on trouve sur le tableau des pétales, montrent que ceux-ci ont des stries convergentes, c'est-à-dire qu'elles viennent du bord du pétale et finissent vers le milieu du limbe et qu'elles sont entremêlées de points; le numéro 29 se rapporte au tableau chromatique des couleurs et désigne que le fond est jaune ; le numéro 13 indique que les stries et les points sont rouge cerise.

Lorsqu'un amateur ou un cultivateur obtiendront un individu nouveau, ils se plairont à le classer méthodiquement, et leur jouissance deviendra complète et facile. Heureux si je peux contribuer à rétablir l'unité là où règne aujourd'hui la confusion, et rendre plus intelligible, en la simplifiant, la langue de l'horticulture !

On trouvera dans mon établissement, non-seulement les œillets et les pensées à grandes fleurs, que je cultive spécialement, mais encore une collection d'auricules, de chrysanthèmes de l'Inde, de phlox, de roses, et un assortiment de plantes de pleine terre et de serre.

OBSERVATION

SUR LA NATURE DES STRIES QUE COMPORTENT LES ŒILLETS.

Pour qu'une description soit assez exacte et suffisante, il faut non-seulement que les caractères soient décrits d'une manière précise, mais il faut encore indiquer de quelle nature sont les stries.

Je les divise ainsi qu'il suit : en *larges*, *moyennes* et *capillaires*.

On appelle *chargés* les œillets dont les stries sont si nombreuses et si serrées, qu'elles ne forment qu'une masse confuse de couleurs.

EXEMPLE DE LA NOUVELLE CLASSIFICATION,

ou *Modèle d'un Catalogue d'après cette méthode.*

NOMS INVARIABLES OU DE MÉTHODE.	NOMS ANCIENS OU DE DÉDICACE.	DESCRIPTION DES CARACTÈRES DE CHAQUE VARIÉTÉ.	COULEUR ET NUANCES DU FOND.	COULEUR ET NUANCES DES CARACTÈRES.
			Numérotés sur la gamme.	
PREMIER GROUPE : ROUGE. — *Noms de méthode empruntés à l'Ancien Testament.* CARACTÈRES : *Entier, unicolore ou rubanné de diverses nuances de rouge.* { Ce groupe n'a pas de sous-groupe ; le violet et le rose sont considérés comme rouge. Les unicolores, se reproduisant fréquemment, on les estime peu généralement. Il faut qu'un œillet soit bien parfait pour motiver son adoption.				
1. Laban.	Nous avons dit que le nom de méthode était seul nécessaire, car le second nom peut être celui sous lequel un œillet était connu, ou quelquefois le nom de la personne qui l'a obtenu ; ou bien encore celui d'une dédicace récente. Cette latitude que nous laissons, d'ajouter un second nom, est pour faciliter l'adoption de notre méthode.	Rubanné.	1	13
2. Moïse.		Unicolore.	15	
3. Jacob.		Rubanné.	3	13
4. Jérémie.		Rubanné.	4	15
5. Salomon.		Unicolore.	37	
6. Josué.		Pointillé.	48	13
DEUXIÈME GROUPE : JAUNE. — *Noms de méthode empruntés à la géographie.* CARACTÈRES : *Entier ou dentelé, entier plus estimé.* — Deux sous-groupes, les jaunes et les chamois.				
1° *Les jaunes.*				
7. Le Gange.	La Reine Dona Maria.	Bordé.	4	13
8. La Tamise.	La Reine Victoria.	Colonné, bordé.	21	1, 27
9. Rome.	Horace Vernet.	Colonné isolé.	16	14
10. Le Mont Saint-Bernard.	Bonaparte.	Liséré groupé.	4	12/24
11. La Seine.	Le Comte de Rambuteau.	Convergent pointillé.	28	13
12. Anvers.	S. A. R. le duc d'Orléans.	Liséré, colonné, pointillé.	16	13

2° *Les chamois.* — ***Noms de méthode empruntés à l'histoire naturelle.***

CARACTÈRES : ***Presque toujours flammé et dentelé.***

13. La Perle.	Ad libitum.	Flammé, colorié, bordé.	3	1
14. Le Diamant.	Alexandre Brongniart.	Liséré, pointillé	3	2/3
15. La Mésange.	Mademoiselle Nau.	Flammé, marginal, pointillé.	16	12
16. Le Basalte.	Ad libitum.	Flammé, épars, pointillé.	27	1
17. Le Cerf.		Flammé, convergent.	3	2
18. Le Caméléon.		Colonné, marginal.	4	1/13

TROISIÈME GROUPE : BLANC. — ***Noms de méthode dictés par le caprice.*** — **Quatre sous-groupes, fantaisies, flamands, bichons et sablés.**

1° *Fantaisies.* — CARACTÈRES : ***Entier ou dentelé, entier plus estimé.***

19. Le Gracieux.	Fanny Elssler.	Convergent liseré groupé.		37
20. Le Beau-Idéal.	Loïsa Puget.	Convergent partagé.		46. 1, 37
21. Ma Pensée.		Liséré bordé épars.		12, 27
22. La Noblesse.	Mad. la Comtesse Héricart de Thury.	Colonné bordé.		4, 13
23. Trésor d'Esprit.	Mad. Emile de Girardin.	Colonné marginal.		1. 13/25
24. Le Satirique.	Alphonse Karr.	Plein liseré.		12

2° *Les Flamands.* — ***Noms empruntés à l'histoire.***

CARACTÈRES : ***Rubanné de diverses couleurs sur un fond blanc, exigé très-pur. Les pétales doivent être sans aucune denteture.***

25. Titus.	S. M. Louis-Philippe.	Ce groupe est exclusivement rubanné.		37
26. Pline.	M. de Mirbel.			46, 1, 77
27. Aristarque.	M. Jules Janin.			12, 37
28. Cicéron.	M. Berryer.			4, 17
29. Alexandre.	Ad libitum.			1
30. Aristote.	M. Boitard.			12. 46

Les troisième et quatrième sous-groupes, les bichons et les sablés, étant peu nombreux, seront des appendices et prendront la même source de noms que les fantaisies, jusqu'à ce que leur nombre soit assez considérable pour mériter des séries de noms particuliers. Les sablés comportent à peine 8 à 10 variétés, et les bichons 12 à 15. — *Caractères des bichons :* Lavé au centre du pétale, presque toujours dentelé. — *Caractères des sablés :* Entier ou dentelé pointillé de diverses couleurs.

QUATRIÈME GROUPE : ARDOISÉS. — ***Noms empruntés à la Fable.***

CARACTÈRES : *Assez généralement **dentelé**, **flammé de reflets métalliques**, ou rubanné de rouge, ou quelquefois pointillé.*

Ce groupe n'a point de sous-groupe, quoiqu'il eût été possible de le diviser en trois sous-groupes : ardoisé rouge, jaune et blanc. Nous avons préféré n'en faire qu'un seul groupe pour ne pas embarrasser la mémoire.

31. Neptune.	S. A. R. le prince de Joinville.	Rubanné.	10	13
32. Apollon.	M. de Lamartine.	Rubanné pointillé.	22	14
33. Minos.	M. de Portalis.	Flammé convergent.	34	3
34. Cupidon.	S. A. R. le Comte de Paris.	Pointillé flammé.	4	10
35. Minerve.	S. A. R. la Princesse Adélaïde.	Rubanné.	16	22
36. Terpsichore.	Taglioni.	Flammé pointillé	34	1

RAPPORT

DE

LA SOCIÉTÉ ROYALE D'HORTICULTURE.

*Nouvelle classification et nouvelle nomenclature des variétés de l'*Œillet *des fleuristes*, Dianthus Caryophyllus ; *par M.* Ragonot-Godefroy.

Dans la séance, du 3 février dernier, de la Société d'horticulture, M. Ragonot-Godefroy lui a lu un travail fort intéressant sur une nouvelle classification et sur une nouvelle nomenclature des Œillets, afin de rendre plus faciles la connaissance et la distinction des nombreuses variétés de ce beau genre, et de donner aux amateurs les moyens de reconnaître si c'est bien en effet la variété de leur choix qui leur a été livrée sous tel ou tel nom. En homme studieux, jeune et ardent, aimant passionnément les Œillets, qu'il cultive avec prédilection, et désirant faire faire des progrès à la science de l'horticulture, M. Ragonot a été frappé du peu d'accord qu'il y a dans la nomenclature des Œillets, et des désagréments qui en résultent et pour le vendeur et pour l'acheteur ; il a donc étudié sous tous les rapports, et pendant plusieurs années, sa nombreuse collection d'Œillets, et est parvenu à reconnaître que tous les Œillets peuvent être divisés en sept classes, fondées sur la couleur dominante ou fondamentale des pétales. Ensuite il est entré dans les détails de l'arrangement que prennent, sur un OEillet, les bandes, les lignes, les franges, les stries, les points; il est parvenu à former seize caractères secondaires, qui peuvent se combiner et former une infinité de caractères qu'on peut exprimer en peu de mots. Arrivé à ce point, M. Ragonot ne fut pas encore satisfait; il savait que le nom des couleurs n'est pas le même pour tout le monde, qu'entre une couleur et une autre il y a des nuances qui n'ont pas de nom ou que chacun exprime à sa manière, sans espérance d'être bien compris. Pour remédier à cet inconvénient, M. Ragonot a recouru à sa collection : il a fait imiter par un peintre habile les nuances de ses œillets, et en a formé une *gamme*, qu'il place en tête de son catalogue.

Quant à la nomenclature des OEillets, M. Ragonot respecte ce qui est établi, quoiqu'il y ait beaucoup à dire; mais il fait précéder chaque nom reçu et admis d'un nom primordial, invariable, tiré : 1° de l'Histoire Ancienne; 2° de la Géographie; 3° des noms qualificatifs; 4° de la Mythologie, etc.

Cette méthode, suivant M. Ragonot, est également applicable à toutes les plantes nombreuses en variétés.

EXPOSITION.

ORANGERIE DE LA CHAMBRE DES PAIRS.

Rapport du jury d'examen, *par M.* Poiteau.
(31 *Mai* 1831.)

M. Ragonot fils, en persistant à semer des Pensées, est parvenu à rivaliser avec les Pensées anglaises et à démontrer qu'avec de la patience, de la constance, dans les semis, jointes à l'intelligence et à l'activité des horticulteurs français, nous pouvons, non-seulement n'avoir plus recours à nos voisins pour en obtenir de belles variétés, mais encore les rendre tributaires, à leur tour, de nos produits horticoles. Le jury lui décerne le sixième prix. (*Médaille d'argent.*)

EXTRAIT DE LA GAZETTE DE FRANCE

(Du 10 mars 1841.)

Les jardins ont aussi leur philosophie, leur physiologie et leur littérature. M. Ragonot-Godefroy, jeune cultivateur fleuriste dans l'avenue de Marbœuf, qui embrasse toutes les branches intéressantes de sa profession, mais particulièrement celle des œillets, a vu avec peine la défectuosité des catalogues de nos collections. Rien de plus arbitraire que les dénominations. Après la révolution de juillet, on a supprimé les noms de beaucoup de rues et de places publiques dans les villages des environs de Paris, comme trop monarchiques. Qu'ont fait les maires de ces localités ? Ils ont remplacé les noms historiques par les leurs et ceux de leurs *épouses*, *demoiselles*, parents et parentes à tous les degrés, en sorte que ces dénominations ne disent rien à la mémoire et à l'esprit, et ne satisfont que l'amour-propre de leurs auteurs. Ainsi procèdent la plupart des horticulteurs Leurs catalogues de collections sont surchargés d'une foule de dénominations sans rapport entre elles, sans rapport avec l'objet qu'elles doivent rappeler. Pour peu que vous connaissiez un fleuriste, il dépend de vous d'attacher votre nom propre à une nouvelle variété de rose ou de dahlia, ou d'œillet. Chacun procédant ainsi isolément, il y a anarchie dans l'empire de Flore, et le langage y présente la confusion de la tour de Babel.

M. Ragonot veut rétablir l'ordre dans ce chaos. Il a présenté à la Société d'horticulture un travail intéressant, dans lequel il expose sa méthode. Elle est simple, tout à fait logique, et applicable à toutes les plantes classées par espèces et variétés. S'agit-il, par exemple, des œillets ? Il établit ses divisions d'après les caractères déduits de la forme ou de la couleur. Cela fait, chacune de ces tribus de plantes, comme les tribus d'Israël, est placée sous une invocation particulière. L'une appartient à l'Ancien Testament, l'autre à l'histoire profane, celle-ci à la mythologie, celle-là à l'astronomie, etc., et les variétés ou nuances de chaque tribu reçoivent des noms empruntés à la classe à laquelle elles appartiennent. Ce système, dont l'exposé exigerait plus de développements, est à la fois rationnel et ingénieux. Il tend à rétablir l'unité du langage floral, à faciliter les transactions, à prévenir les erreurs. Il n'empêche pas les consécrations filiales, conjugales, de clientèle et autres. M. Ragonot se montre ici, non-seulement jardinier, mais encore philosophe et rhéteur, qualités qui sont moins rares qu'on ne croit chez des hommes que la nature de leurs travaux porte à la méditation.

FIN.

PARIS. — IMPRIMERIE DE FAIN ET THUNOT,
IMPRIMEURS DE L'UNIVERSITÉ ROYALE DE FRANCE,
Rue Racine, 28, près de l'Odéon.

Caractères élémentaires et distinctifs des Pétales.

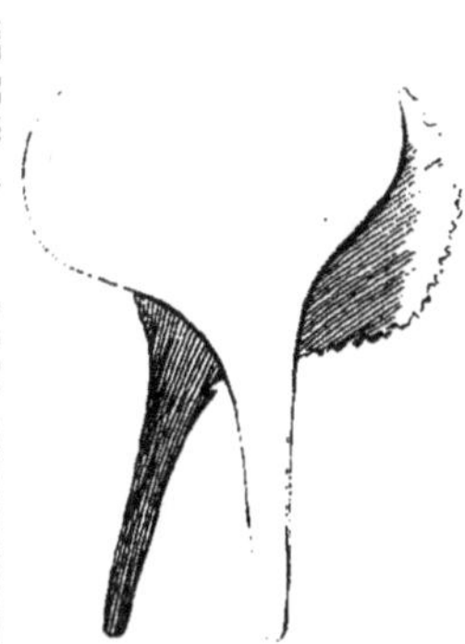

Entier ou dentelé.

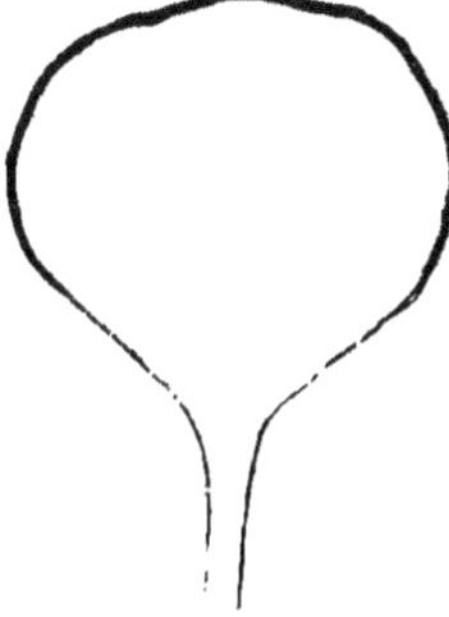

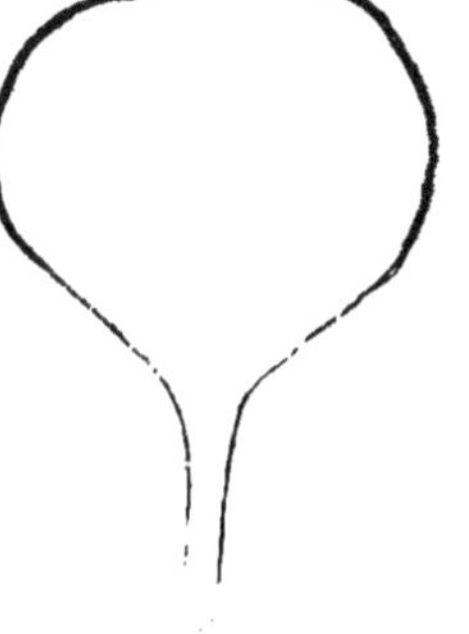

Liseré.

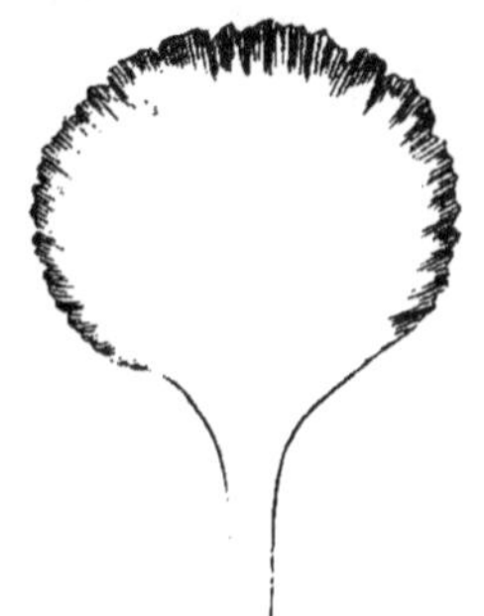

Bordé.

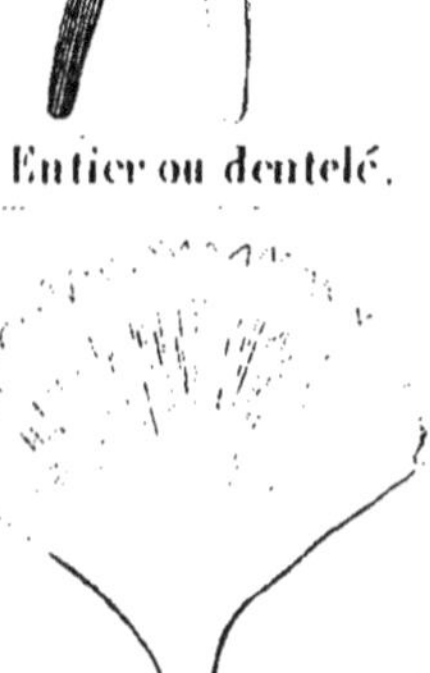

Lavé.

Convergent.

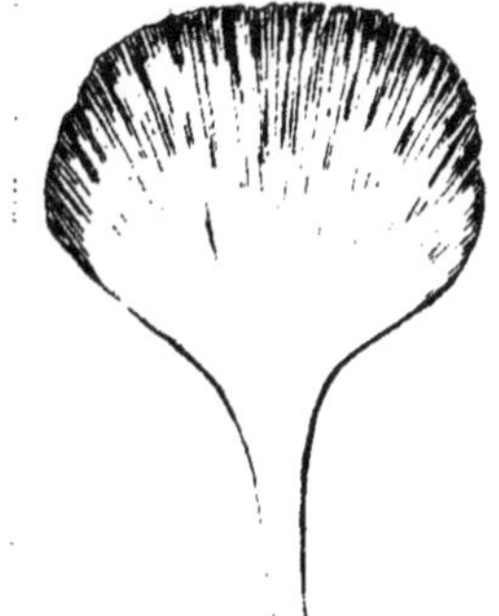

Plein.

Epars.

Caractères élémentaires et distinctifs des Pétales.

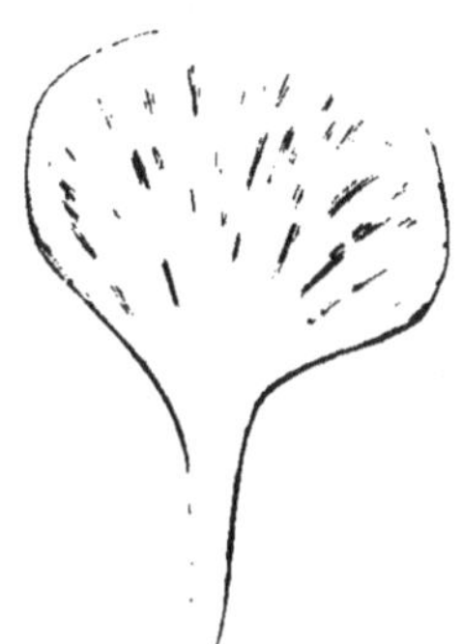

Isolé.

Aigretté.

Partagé.

Rubanné.

Groupé.

Pointillé.

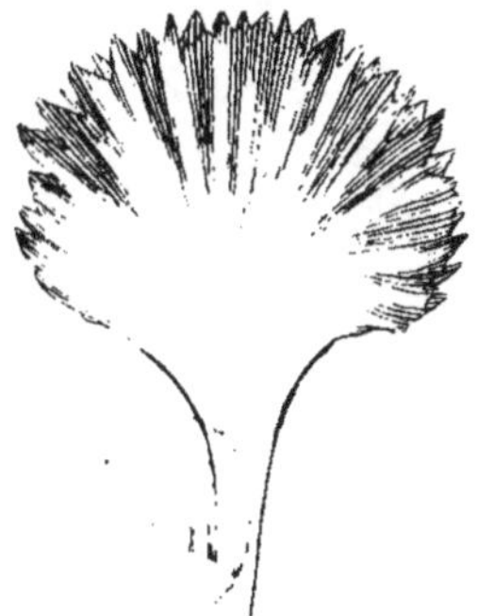

Flammé.

www.ingramcontent.com/pod-product-compliance
Lightning Source LLC
LaVergne TN
LVHW011955160826
845678LV00002B/546

* 9 7 8 2 3 2 9 6 9 0 5 2 0 *